ISBN 978-3-662-22709-1 ISBN 978-3-662-24638-2 (eBook)
DOI 10.1007/978-3-662-24638-2

Die in den Sitzungsberichten Abtlg. I und Abtlg. II der math.-nat. Klasse der Österr. Ak. d. Wiss. erscheinenden Abhandlungen werden auch einzeln abgegeben. Sie können durch jede Buchhandlung oder direkt durch die Auslieferungsstelle der Österreichischen Akademie der Wissenschaften (Wien I, Singerstraße 12) bezogen werden.

Nachfolgende Abhandlungen aus dem Fache der **Paläontologie** sind erschienen:

1951 (S I Bd. 160):

Thenius E.: Eine neue Rekonstruktion des Höhlenbären (Ursus spelaeus Ros.) (mit 3 Tafeln), 12 Seiten. S 6.40

1952 (S I Bd. 161):

Bachmayer F.: Fossile Libellenlarven aus mioz. Süßwasserablagerungen (mit 1 Taf.), 5 Seiten. S 3.60

Beier M.: Miozäne und oligozäne Insekten aus Österreich und den unmittelbar angrenzenden Gebieten (mit 2 Textabbildungen und 2 Abbildungen auf einer Tafel), 5 Seiten. S 3.90

Berger W.: Pflanzenreste aus dem miozänen Ton von Weingraben bei Draßmarkt (Mittelburgenland) (mit 15 Textabbildungen), 8 Seiten. S 3.80

Berger W. und Zabusch F.: Die Pflanzenreste aus den obermiozänen Ablagerungen der Türkenschanze in Wien (vorläufiger Bericht), 8 Seiten. S 3.30

Papp A.: Über die Verbreitung und Entwicklung von Clithon (Vittoclithon) pictus (Neritidae) und einiger Arten der Gattung Pirenella (Cerithidae) im Miozän Österreichs (mit 1 Textabbildung und 3 Tafeln), 24 Seiten. S 11.80

Thenius E.: Die Boviden des steirischen Tertiärs. Beiträge zur Kenntnis der Säugetierreste des steirischen Tertiärs, VII. (mit 11 Textabbildungen), 31 Seiten. S 13.10

Weinfurter E.: Otolithen aus miozänen Brack- und Süßwasserschichten des Lavanttales in Kärnten (mit 1 Tafel), 7 Seiten. S 3.20

Weinfurter E.: Die Otolithen aus dem Torton (Miozän) von Mühldorf in Kärnten (mit 1 Textabbildung und 2 Tafeln), 23 Seiten. S 11.80

Weinfurter E.: Die Otolithen der Wetzelsdorfer Schichten und des Florianer Tegels (Miozän, Steiermark) (mit 5 Tafeln), 43 Seiten. S 19.—

1953 (S I Bd. 162):

Bachmayer F.: Die Myriopodenreste aus der altplistozänen Spaltenfüllung von Hundsheim bei Deutsch-Altenburg, Niederösterreich (mit 1 Tafel). S 3.60

Berger W.: Pflanzenreste aus dem miozänen Ton von Weingraben bei Draßmarkt, Mittelburgenland II. (mit 21 Textabbildungen). S 4.60

Berger W.: Die obermiozäne (sarmatische) Flora von Gabbro (Monti Livornesi) in der Toskana S 5.—

Bernhauser A.: Über Mycelitis ossifragus Roux. Auftreten und Formen im Tertiär des Wiener Beckens (mit 6 Textabbildungen). S 7.20

Papp A. und Küpper K.: Die Foraminiferenfauna von Guttaring und Klein St. Paul (Kärnten). I. Über Globotruncanen südlich Pemberger bei Klein St. Paul (mit 2 Tafeln). S 10.—

Papp A. und Küpper K.: Holothurienreste aus dem Torton des Wiener Beckens (mit 1 Tafel). S 3.—

Papp A. und Küpper K.: Die Foraminiferenfauna von Guttaring und Klein St. Paul (Kärnten). II. Orbitoiden aus Sandsteinen vom Pemberger bei Klein St. Paul (mit 4 Tafeln). S 13.60

Papp A. und Küpper K.: Über Stolonen von Auxiliarkammern bei Orbitoides und Lepidorbitoides (mit 1 Tafel). S 4.—

Papp A. und Küpper K.: Die Foraminiferenfauna von Guttaring und Klein St. Paul (Kärnten). III. Foraminiferen aus dem Campan von Silberegg (mit 3 Tafeln). S 11.30

Sieber R.: Eozäne und oligozäne Makrofaunen Österreichs. S 8.50

1954 (S I Bd. 163):

Bachmayer F.: Zwei bemerkenswerte Crustaceen-Funde aus dem Jungtertiär des Wiener Beckens (mit 1 Tafel). S 6.60

Janetschek H.: Ein neues inneralpines Nunatakrelikt aus einer für die Alpen neuen Gattung (Ins., Thysanura) (mit 12 Textabbildungen). S 5.20

Obritzhauser-Toifl, Hertha: Pollenanalytische (palynologische) Untersuchungen von mehreren organischen Substanzen (mit 6 Textabbildungen). S 30.—

Schremmer F.: Bohrschwammspuren in Actaeonellen aus der nordalpinen Gosau (mit 1 Tafel). S 3.80

Strouhal H.: Isopodenreste aus der altplistozänen Spaltenfüllung von Hundsheim bei Deutsch-Altenburg (Niederösterreich) (mit 7 Textabbildungen und 2 Tafeln). S 10.30

Zur Knochen- und Zahnhistologie von Latimeria chalumnae Smith und einiger Fossilformen

Von A. Bernhauser
(Palaeontologisches Institut der Universität Wien)

Mit 17 Abbildungen

(Vorgelegt in der Sitzung am 13. April 1961)

I. Problemstellung und Material*

Die Erbeutung des ersten (Smith 1939a) und noch mehr des zweiten lebenden Coelacanthiden hat mit Recht beträchtliches Aufsehen erregt. Eine eindringliche Schilderung der Ereignisse von J. B. Smith (1957) selbst enthält auch zahlreiche Daten über Lebensraum und biotopmorphologische Analysen. Verfasser hat in einer früheren Untersuchung (Bernhauser 1954) versucht, die Ausbildung osteoider Knochensubstanz (im Sinne Köllikers 1859) bei den höheren Teleostei als Anpassung an die physiologisch-mechanische Beanspruchung des Skelettes durch das Wasserleben zu deuten. Die Feststellung rezenter Coelacanthiden in Tiefen zwischen 200 und 500 m (Smith 1957, Schindler 1955) warf nun die Frage auf, ob die Änderung des Lebensraumes, verbunden mit der biologischen Weiterexistenz, zu irgendwelchen knochenhistologisch erkennbaren und eventuell funktionsanalytisch deutbaren Strukturänderungen geführt habe. Außerdem sollte im Rahmen des verfügbaren Vergleichsmaterials festgestellt werden, inwieweit knochenhistologische Strukturen der einzelnen Coelacanthidenarten in systematischer Hinsicht verwendbar wären.

* Für freundlichste Unterstützung mit Material bin ich den Herrn Dr. J. B. Smith, Grahamstown, ZAU (*Latimeria* II), Prof. Dr. J. Millot, Tananarive/Paris (*Latimeria* VI), Prof. Dr. Dehm, München (*Undina*, *Coccoderma*) und Prof. Dr. Küpper, Geol. B. Anstalt, Wien („*Coelacanthus*“ *lunzensis*) zu herzlichstem Dank verpflichtet. Das restliche Vergleichsmaterial stammt aus den Beständen des Paläontologischen Institutes Wien. Für die Überlassung eines Arbeitsplatzes und freundliche Anteilnahme darf ich Herrn Prof. Dr. O. Kühn, für Unterstützung mit Literatur und freundliches Interesse den Herren Prof. Dr. A. Papp und Prof. Dr. E. Thenius, Wien, sowie meinem Vater herzlichst danken.

An Material stand zur Verfügung:

Latimeria chalumnae Smith
Schuppen, Flossenstrahlen und Flossenträger sowie ein Stückchen Gulare, Arcus neuralis, Spina dorsalis, ein Stückchen Coronoidale dextr.,

Undina acutidentata Reis
Bruchstück von Operculum und Praeoperculum sowie Kiemenbogen,

Coccoderma nudum (*laeve*) Reis
Bruchstück vom Pterygoid,

„*Coelacanthus*" *lunzensis* Teller
diverse Splitter von Kiefer-, Opercular- und Rumpfregion.

Weiters zu Vergleichszwecken:

Bruchstücke von Dermalknochen bzw. Schuppen von
Psammosteus paradoxus Ag.,
Asterolepis ornatus Eichw.,
Holoptychius superbus Rohon,
Neoceratodus forsteri Krefft,
Polypterus sp.
aus den Beständen der Sammlung des Paläontologischen Institutes der Universität Wien.

Arbeitstechnik:

Sämtliches untersuchtes Material wurde von Hand aus dünngeschliffen und größtenteils, in der Regel mit Methylenblau — Safranin — Chromsäure, im Additionsverfahren gefärbt. Rezentes Material wurde nach Maßgabe der Notwendigkeit einer künstlichen Mazeration mit Kalilauge/Wasserstoffsuperoxyd unterworfen.

Im Ganzen wurden 204 Dünnschliffe angefertigt.

Aufbewahrung des Materials: Sämtliche Abbildungsoriginale[1] sowie der Großteil der restlichen Dünnschliffe befinden sich in der Sammlung des Verfassers. Belegschliffe wurden dem Paläontologischen Institut der Universität Wien, ein Teil der Schliffe von *Latimeria chalumnae* VI Herrn Prof. J. Millot, Paris, übergeben.

II. Beschreibung der Schliffe

Latimeria chalumnae Smith
(J. B. SMITH 1939a, 1953)

Os Gulare: Das Gulare ist ein schmaler, flacher Knochen, der auf seiner Außenseite eine aus kleinen Buckeln bestehende Skulptur besitzt. Am Querschnitt erkennt man mit freiem Auge eine Gruppe

[1] Bei den Abbildungen sind die Präparatnummern angeführt.

zentraler Hohlräume, die von kompakten Knochenwänden umschlossen werden. Unter dem Mikroskop fällt am Querschliff sofort der lamellenartige Bau des Stückes auf. Die Innenwand des Gulare wird von einer größeren Anzahl (ca. 10) Grundlamellen gebildet, die an der Ventralkante mit ziemlich scharfem Knick nach der Außenseite umgeschlagen erscheinen. Die zentralen Hohlräume werden ebenfalls von Lamellen und zwar in der Regel von einer einzigen Ringgruppe umgeben. Durch unscharfe Kittlinien von diesen „Ringlamellen" getrennt, finden sich zahlreiche größere und kleinere Schaltlamellen, entweder Reste früherer Ringlamellen dieser „Markräume", oder, was wesentlich wahrscheinlicher ist, solche Havers'scher Systeme (Abb. 1). Meist ein-, selten zweilamellige echte Osteone befinden sich vor allem ventral von den „Markräumen" und zwischen ihnen und der Außenseite (Abb. 2). Außerdem sind die einzelnen Markräume durch Gefäßkanäle, die fast immer eine sehr schwache Lamellenwand erkennen lassen, verbunden. Ein weiteres Strukturelement im Querschliff sind meist relativ englumige Gefäßkanäle ohne zugehörige Wandlamelle, also vom Typ der Volkmann'schen Kanäle. Sie treten an Zahl gegen die Havers'schen Systeme zurück und unterstreichen nur die intensive Vascularisation und damit die schon durch die hohe Zahl der Schaltlamellen angedeutete hohe physiologische Aktivität des untersuchten Knochenstückes. Wir haben im Sinne Weidenreichs (1925) Schalenknochen vor uns.

Auffallend sind die besonders nächst der Ventralkante sehr häufigen Gruppen Sharpey'scher Fasern, welche die Lamellen meist in ungefähr rechtem Winkel kreuzen, aber schräg zur Längsachse des Stückes stehen. Sie dürften funktionell zum Bindegewebsgerüst des Mundbodens, bzw. der Kehlhaut gehören und deren Verankerung im Knochen darstellen. Die zahlreichen Knochenzellen sind langgestreckt, sehr schmal und im Querschnitt kurzoval bis rund (Abb. 3). Die Ventralkante des Gulare ist stumpf abgeschnitten. In sie sind ein bis zwei Gefäßrinnen eingetieft, die keine eindeutige eigene Knochenbildung zeigen. An der Innenwand befindet sich ein derber Bandansatz. Zwischen der Ventralkante und dem untersten der „Zentralräume" befinden sich meist einlamellige Havers'sche Systeme in, bei den einzelnen Querschliffen wechselnder, Anzahl (Abb. 4).

Im Gegensatz zur Innenwand ist die Außenwand nicht glatt, sondern wellig und von Gefäßkanälen beider Bautypen (Havers' und Volkmann's) durchzogen. Die schon mit freiem Auge sichtbaren Skulpturbuckeln der Außenseite fallen durch ihre eigentümliche Struktur auf. Sie bestehen nämlich aus klarer Knochensubstanz, die frei von derben Fasern ist und zahlreiche Osteoblastenausläufer, welche wie Zahnbeinröhrchen aussehen, enthält.

Unter dieser Dentinkappe befindet sich ein querovaler Hohlraum gleich einer Pulpahöhle. Beiderseits von ihr sind im Knochen noch je ein weiterer Hohlraum von geringerem Lumen, die beide jedoch schon außerhalb des „Zahnindividuums“ liegen. Gegen den restlichen Knochen bilden undeutliche Resorptionsbänder die Grenze. Basal wird die Pulpahöhle von einer sehr schmalen, nur eine Schichte Knochenzellen tiefen Lamelle abgeschlossen. Der Übergang vom typischen Knochen zum Dentin verläuft fließend. Nach außen wird die Dentinkuppel von einer sehr dünnen, praktisch strukturlosen, sehr spröden und stark lichtdurchlässigen Schicht abgedeckt, welche keine Ausläufer der Röhrchen mehr enthält (Abb. 5).

Längsschliffe bieten noch einige Ergänzungen zu diesem Bild. Auch hier sind die Begleitlamellen der Havers'schen Kanäle deutlich erkennbar. Die Knochenzellen sind streng in die Faserzüge eingeordnet, wie es ja auch bei Knochenfischen die Regel sein dürfte (cf. Bernhauser 1954, Wiens 1955 u. a.) und erscheinen daher, soweit sie nicht Havers'schen Systemen angehören, nach der Längsachse des Knochenstückes orientiert.

Interessant ist der Verlauf der Faserzüge im Knochen. Es sind zwei Arten von Fasern zu unterscheiden. Erstens feinlumigere Fasergruppen, die gleichsinnig mit den Knochenzellen parallel zur Längsachse des Knochens, bzw. der Lamellengruppen eingeordnet sind und sicher zum organischen Grundgerüst gehören. Neben ihnen treten die schon an Hand der Querschliffe beschriebenen Gruppen derber Sharpey'scher Faserbündel auf, die wahrscheinlich, wie oben ausgeführt, zum elastischen Stützsystem des Mundbodens gehören. Um die Havers'schen Kanäle sind die Knochenzellen in mehreren Schichten konzentrisch angeordnet. Bei schräggeführten Längsschliffen sind auch einzelne Dentinkappen getroffen. Dabei sind bei einem dieser Chagrinzähne zwei Blutgefäße zu sehen, die vom Knochen in die Pulpahöhle führen. Auffällig ist, daß beide Gefäßkanäle nur von dünnen „Markscheiden“ ausgekleidet sind, aber über keine eigenen Lamellen verfügen.

Funktionsanalytisch lassen sich die Schliffe folgendermaßen deuten: Die im allgemeinen längsorientierten Fasern der Knochengrundsubstanz lassen im Verein mit den gleichsinnig orientierten schmal spindelförmigen Knochenzellen auf starke Beugungsbelastung schließen (Bernhauser 1954). Die auffällige Konzentration von Blutgefäßen an der Außenseite deuten an, daß sie hauptsächlich die Bewegungszerrung auszuhalten hat. Der Knochen wird also von innen nach außen, quer zu seiner Längsachse, beugungsbelastet. NEDBAL (1932) konnte zeigen, daß Zahl und Lumen der Osteone im Querschnitt eines Knochens in Partien, die aktiver mechanischer Belastung ausgesetzt sind, größer ist als in solchen mit gleichmäßigerer, passiver Belastung (Druck). Daraus ergäbe sich die aktive Mundbodenbewegung nach außen — unten.

Die Chagrinzähne werden weiter unten noch einmal behandelt werden, da sie ja mit der Funktion des Gulare in keinerlei Zusammenhang stehen. Es muß nur beachtet werden, daß ein Teil der Blutgefäßkanäle in der Außenwand des Gulare jedenfalls der Versorgung der Pulpahöhlen dient und daher die Vaskularisationsdiskrepanz zwischen Innen- und Außenwand viel stärker ist, als es die reinen Belastungsunterschiede bedingen würden. Soweit Verfasser beobachten konnte, dienen vor allem die lamellenfreien Volkmann'schen Kanäle zum größten Teil der Versorgung der Pulpahöhlen. Als „durchbohrende" Kanäle können sie ja jederzeit angelegt und überall hingeführt werden. Diese Form der Blutversorgung würde Wechsel und Neubildung der Chagrinzähne, gegenüber einer Bindung der Bildungsstätten an Havers'sche Systeme, wesentlich vereinfachen.

Die Deutung der Sharpey'schen Fasergruppen als Verankerung des weichen Mundbodens wurde oben schon ausführlich dargelegt.

Os praecoronoid dextr.: Das zur Untersuchung verfügbare Stück des Praecoronoids läßt nur allgemeine Feststellungen zu. Der Knochen wirkt „spongiös". Es handelt sich um den Spongiosatyp der vom Verfasser (BERNHAUSER 1951) als „Reticulärspongiosa" bezeichnet wurde. Darunter wird ein hohlraumreicher Knochen verstanden, bei dem jeder einzelne Hohlraum nach Art der Havers'schen Systeme von einer Knochenlamelle (oder Lamellenserie) umhüllt wird. „Osteonbruchstücke" wie sie die Spongiosa z. B. der meisten Mammalia aufbauen, sind in diesem Spongiosatyp kaum zu beobachten. „Normallumige" Osteone können zusätzlich auftreten, sind aber selten.

Im untersuchten Knochenstück treten Havers'sche Systeme auch nur vereinzelt auf. Sie haben in der Regel nur eine deutliche Lamelle. Durchbohrende Kanäle vom Typus der Volkmann'schen sind relativ häufig. Die Ursache hiefür dürfte in der reichen Bezahnung des Stückes zu suchen sein. Kitt- und Resorptionslinien sind nicht selten, meist sehr schmal, aber deutlich erkennbar. Die Bezahnung umfaßt große Fangzähne und zahlreiche, wesentlich

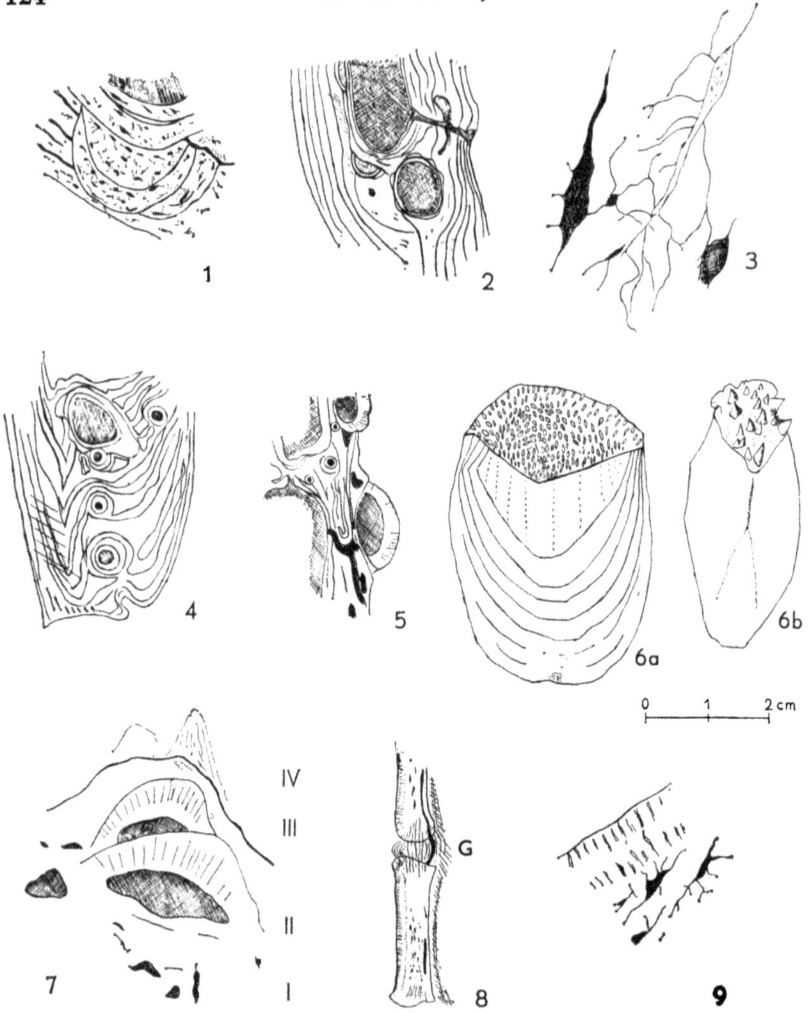

Abb. 1. *Latimeria chalumnae* Smith, Gulare quer, LM 1, 230:1.
Schaltlamellen ventral des Markraumes. Oben im Bild zwei Ringlamellen des Markraumes. Von dem früher aktiven Osteon ist noch eine halbe und rechts $^1/_6$ Lamelle erhalten, der Havers'sche Kanal ist durch Knochensubstanz ausgefüllt. Die meisten Knochenzellen sind schräg, bzw. quer getroffen.

Abb. 2. *Latimeria chalumnae* Smith, Gulare quer, LM 1, 50:1.
Zentral die untere Hälfte eines Markraumes mit einem Volkmann'schen Kanal nach außen. Innen und unten Reste zweier Osteone, unter letzterem ein quergetroffener Volkmann'scher Kanal, daneben ein großes Osteon. Gruppen Sharpey'scher Fasern, vor allem an der Innenseite. Knochenzellen nicht gezeichnet.

kleinere Chagrinzähne. Die noch erkennbaren Bindegewebsreste enthalten scheinbar sehr viele Fettzellen.

Schuppen: Der Körper von *Latimeria* wird von Schuppen bedeckt. Grundsätzlich sind zwei Typen unterscheidbar (Abb. 6a, b). Einmal breite, von winzigen Zähnchen bedeckte und zum anderen schmälere, längliche, die auf ihrem freien Teil wenige, derbe, deutliche Zähnchen aufweisen. Nach Smith (1939b) wären erstere (Abb. 6a) Rumpf-, letztere (Abb. 6b) Schwanzschuppen (s. a. Millot & Anthony in Grassé, 1958, S. 2580ff.). Der Bauplan der Schuppen umfaßt von innen nach außen folgende Schichten:

3. Dentin,
2. eine spongiöse Schicht,
1. verkalkte Fasern, nahezu zellfrei, lamellös geschichtet.

Es handelt sich also um Cosmoidschuppen im Sinne Bertin's (1958, S. 482ff.) bei welchen die typische Spongiosa (3. Schicht

---

Fortsetzung der Legenden von nebenstehender Seite.

Abb. 3. *Latimeria chalumnae* Smith, Gulare längs, LM 5, 1000:1. Knochenzelle längs, nahezu median mit zwei Nachbarzellen längs und einer quer. Die Verbindung durch Anastomosen ist einwandfrei erkennbar.

Abb. 4. *Latimeria chalumnae* Smith, Gulare quer, LM 2, 50:1. Ventralkante; vier Osteone verschiedener Größe übereinander. Außen (rechts) ein fünftes; an der Unterkante außen eine eingetiefte Gefäßrinne. Knochenzellen nicht gezeichnet, innen die Hauptrichtung der Sharpey'schen Fasern angedeutet. Etwas vereinfacht.

Abb. 5. *Latimeria chalumnae* Smith, Gulare quer, LM 1, 50:1. Links zwei übereinanderliegende Markräume, seitlich quergetroffene Havers'sche Systeme, durchschnittlich ein Lamellenring. Außen Chagrinzähne. Vom unteren Markraum führt ein geschwungener Volkmann'scher Kanal zur Pulpa des unteren Zahnes. Etwas vereinfacht, Knochenzellen nicht gezeichnet.

Abb. 6. *Latimeria chalumnae* Smith, Schuppen, a) Rumpfschuppe, b) Schwanzschuppe.

Abb. 7. *Latimeria chalumnae* Smith, Rumpfschuppe quer, LM d 7, 450:1 (mehrere Tiefeneinstellungen). Über der aus Spalträumen und Knochenzellen aufgebauten Spongiosaschicht (I) zwei einander überdeckende Zähnchen (II, III), überdeckt vom basalen Randteil der jüngsten Zahngeneration (IV).

Abb. 8. *Latimeria chalumnae* Smith, Flossenstrahl der Analis, median längs, LM 10, 50:1. Die einzelnen Glieder sind durch Bänder verbunden. Von außen schräg eindringend Sharpey'sche Fasern, darunter Knochenzellen (einskizziert) innen ein Volkmann'scher Kanal. G = Gewebsreste.

Abb. 9. *Latimeria chalumnae* Smith, w. o., LM 10, 500:1. Von außen dringen Sharpey'sche Fasern in den Knochen ein, darunter Knochenzellen. (Mehrere Tiefeneinstellungen.)

BERTIN's) reduziert erscheint. Die Dentinschicht ist in Form von Zähnchen ausgebildet. Diese stehen bei den Schwanzschuppen einzeln, sind breit kegelförmig mit konischer Pulpa und entsprechen damit den Zähnchen auf den Flossenstrahlen, bzw. den Chagrinzähnchen der Dermalknochen. Diesem Typus entspricht das von SMITH (1939b, p. 749) in Fig. 1 veröffentlichte Schnittbild. Abweichend davon zeigen die Rumpfschuppen eine Abfolge der Zahngenerationen die an das Schema der Rhipidista z. B. *Glyptolepis* (BYSTROW, 1939, S. 289, Abb. 2b; s. a. ORVIG, 1957, S. 397ff.) erinnert.

Sie stehen dachziegelartig in zwei bis vier Generationen übereinander, doch fehlt zum Unterschied von den Rhipidistenschuppen die zwischengelagerte Knochensubstanz. Das Schliffbild ist daher mit einer Rhipidistenschuppe nicht zu verwechseln und für die *Latimeria* charakteristisch (Abb. 7). Die Spongiosaschicht enthält reichlich Knochenzellen, aber keine deutlichen Lamellen. Bei den Gefäßkanälen dürfte es sich ausschließlich um durchbohrende Kanäle in einer ursprünglich ungegliederten Knochenmasse handeln. Der in der Schuppentasche befindliche Teil der Schuppe besteht nur aus der basalen Faserschicht, die von einer dünnen, nahezu homogenen Schicht von Knochensubstanz überzogen wird. Diese weist eine Außenskulptur in Form regelmäßiger, kleiner dichtstehender Zähnchen auf. Es handelt sich bei diesen um quergetroffene feine Leisten.

Im Tangentialschliff zeigen die Schuppen ein Gitternetzmuster quer- und längsgetroffener Faserschichten verschiedenen Lumens. Es ist möglich, daß sich dazwischen auch äußerst langgestreckte, schmale Knochenzellen befinden, doch können diese mit der vom Verfasser angewandten Untersuchungsmethode (Dünnschliffe getrocknet versandter Schuppen) nicht einwandfrei nachgewiesen werden[2].

Lepidotrichia: Die untersuchten Flossenstrahlen zeigen den charakteristischen paarigen Bau der Lepidotrichia von Teleostei (SMITH 1939b). Diejenigen der Ventralis sind kurzgliedrig, flach und nicht ornamentiert. Sie enthalten Knochenzellen und sehr reichlich Fasersubstanz. Die Flossenstrahlen der Analis sind etwas mehr gewölbt und dicker als die der Ventralis. Sie tragen je Glied vier Zähnchen. Die Knochenzellen sind längsorientiert. Faserbündel

[2] SMITH (1957, S. 168) erzählt, daß die Eingeborenen der Komoren die Schuppen von *Latimeria* zum Aufrauhen der Fahrradschläuche beim Flicken verwendeten. — Besser könnte der Gesamteindruck der Bezahnung der Rumpfschuppen nicht geschildert werden.

vom Typus der Sharpey'schen Fasern sind besonders an den Dorsal- und Ventralkanten konzentriert (Abb. 8, 9). Außerdem sind in unmittelbarer Nähe jeder Zahnbasis im Querschliff zwei Hohlräume lateral angeordnet, die durch Ablösung und Aufwölbung entstanden sein dürfte (Abb. 10).

Fällt das Zähnchen ab, bleibt eine ringwallartige Narbe zurück.

Histologisch deuten folgende Merkmale fallweisen Zahnwechsel an: im Querschliff deutlich erkennbare Kitt- und Resorptionslinien im Bereich der Zahnbasis und ihrer Umgebung. Im lateralen Längsschliff zeigt jedes Glied des Flossenstrahles unter der Zahnbasis einen meist quergetroffenen, nach außen konisch verengten Gefäßkanal ohne deutliche Lamellenauskleidung, also vom Typ der Volkmann'schen Kanäle. Sie führen vom zentralen Gewebe des Flossenstrahles zur Pulpa des Zähnchens. In einem Flossenstrahlsegment sind nun, einseitig, zwei solche dicht nebeneinanderliegende Kanälchen vorhanden. Man kann hier annehmen, daß ein Zähnchen abgestoßen und knapp daneben ein neues angelegt wurde.

Bau (und Bezahnung) der Lepidotrichia veranschaulichen ihre Ableitung von Schuppen (cf. VERSLUYS, 1927, S. 127; ROMER, 1949, S. 147) äußerst eindringlich. Sie unterscheiden sich aber von diesen durch kräftige Ausbildung einer echten Knochenschicht und Fehlen einer typischen Isopedin — sowie einer Ganoinschicht.

Arcus neuralis: Die Neuralbogen sind klein, zart und sitzen mit abgeflachten Ventralenden seitlich an der sehr kräftigen Chorda dorsalis auf. Sie sind hohl und bestehen im Längsschliff aus zwei Schichten. Die äußere führt Knochenzellen und Fasergerüst in der Längsrichtung angeordnet. Dazu treten zahlreiche, schräg eindringende Sharpey'sche Fasern. Ihr Eintrittswinkel schwankt zwischen 60° und 80°. Durch eine schmale, unregelmäßig geschwungene, sehr deutlich ausgeprägte Kittlinie getrennt liegt die innere Schicht mit im Längsschnitt quer bis mäßig schräg getroffenen Knochenzellen.

Gefäßkanäle fehlen beiden Schichten, doch sind sie auf Grund der Kleinheit der Stücke nicht zu erwarten. Auffallend sind in der äußeren Schicht einzelne zur Längsrichtung quer verlaufende Spalten, die dicht von ebenfalls quergetroffenen Knochenzellen erfüllt werden. In den spongiös aufgelösten Endabschnitten des Arcus kann die schwache „innere Schicht“ nicht mehr mit Sicherheit beobachtet werden. Wahrscheinlich stellt die meist über $^2/_3$ der

Wandstärke bildende „äußere Schicht" die verknöcherte Primordialanlage dar. Die „innere" wäre später gebildeter Schalenknochen, der als konzentrische, lamellenartige Bildung den Markraum umschließt.

Spina neuralis: Die Spina neuralis ist basal gewinkelt, sonst annähernd rund. Gleich dem Arcus neuralis ist sie hohl und zweischichtig. Dabei laufen in der inneren Schicht, einer Ringlamelle, die Knochenzellen rings um den Hohlraum, in der breiteren Außenschicht mehr oder weniger parallel zur Längsachse (Abb. 11). Weiters enthält der Knochen noch zahlreiche Bündel derber Sharpey'scher Fasern, sowie gleichmäßig angeordnete feine Faserzüge, die aus dem unmittelbar anliegenden Bindegewebe stammen. Beide Systeme schließen in der Regel mit der Längsachse der Spina dorsalis einen Winkel von ca. 45° ein.

Die Zähne: Die an den Untersuchungsobjekten beobachteten Zähnchen und zahnähnlichen Gebilde gehören sämtliche einem Bautyp an. Sie sind wechselnd steil kegelförmig mit einfacher Pulpa. Die Hauptmasse der Zahnkörper besteht aus Orthodentin im Sinne Bertin's (1958, S. 505ff.), enthält also nur die Kanälchen der Plasmafortsätze der Odontoblasten. Diese sind gewellt, des öfteren engwinkelig dichotom verzweigt und gehen in der Regel direkt von der Pulpahöhle aus. Eine Ausnahme ist an einem Längsschnitt durch einen Schwanzschuppenzahn zu beobachten. Hier ist zwischen Pulpa und Dentin eine Knochenlamelle eingeschoben. Ihre Knochenzellen stehen nach verschiedenen Tiefeneinstellungen zu schließen, durch ihre Plasmafortsätze sowohl mit der Pulpahöhle als auch mit den Dentinröhrchen in Verbindung. Der Schliff ist adlateral und hat die Übergangszone von der Pulpa gegen den knöchernen „Ringwall" auf dem der Zahn aufsitzt, getroffen (Abb. 12). Anzeichen einer engen Verbindung von Odontoblasten und Blutgefäßen wie sie W. James (1955) beschreibt, sind an der Innenwand der Zahnkrone nicht beobachtbar, doch ist sie aus physiologischen Erwägungen als vorhanden anzunehmen. Die Zähne sind acrodont an den Trägerknochen befestigt.

Mit Ausnahme der Schuppen sind an allen zahntragenden Knochen Merkmale eines zumindest gelegentlichen Zahnwechsels, wie Wallnarben und frei an die Knochenoberfläche mündende Volkmann'sche Gefäße, im Narbenbereich erkennbar. Fältelungen, die an Labyrinthodontie erinnern würden, sind auch in Ansätzen nicht erkennbar. Innerer und äußerer Umriß der Zähne sind in jeder Querschnitthöhe vollkommen glatt.

Undina acutidens Reis
(Reis 1888/89, S. 10—30)

Untersucht wurde ein Bruchstück des Kiemenbogens mit 2 Zähnchen. Die Rückseite des Stückes besteht aus Bruchstücken von Operculum und Praeoperculum. Das untersuchte Stück war die linke obere Ecke des Originals zu Reis op. cit. fig. 2, 3.

Undina acutidens weicht in der histologischen Struktur von *Latimeria* kaum ab. Die Knochenzellen sind in Form und Anordnung gleich. Faserrichtung und Längsachsenorientierung der Knochenzellen gehen konform. Einlamellige Osteone konnten beobachtet werden. Der ganze Raum zwischen dem von Reis l. c. abgebildeten Kiemenbogenstück und dem Operculum bzw. Praeoperculum ist mit Bruchstücken von Kiemenbogen und Zähnchen erfüllt, so daß einige Schliffe zahlreiche Zähnchen in den verschiedensten Längs- und Querschnitten enthalten. Bis auf wenige stumpfkonische kurze Zähnchen sind alle lang und schmal, konisch gerade bis leicht gebogen (Abb. 13). Ihr Bautypus stimmt mit jenem von *Latimeria* überein, auch das direkte Austreten der Zahnbeinkanälchen aus der Pulpahöhle ist gleich. Das Material ist gut kalzitisiert, von zahlreichen feinsten Rissen durchzogen, aber gut deutbar. Die Färbung wurde nur geringfügig angenommen.

Coccoderma nudum (*laeve*) Reis
(Reis 1888/89, S. 51—60)

Untersucht wurde das Original zu Abb. 14, ein Bruchstück vom Pterygoid. Das Stück ist innen glatt, außen mit einer Leistenskulptur versehen. Histologisch wird die Innenseite des Stückes von einer Anzahl Grundlamellen gebildet, die ungefähr gleich mit der Oberfläche orientiert sind. Sie enthalten zahlreiche länglichspindelförmige Knochenzellen und ein- bis zweilamellige Osteone. Darauf folgt eine spongiosaartige Mittelschicht, die zahlreiche Osteone und Schaltlamellen aus teilweise resorbierten Osteonen enthält. Kitt- und Resorptionslinien sind häufig und scharf ausgeprägt (deutet auf starke mechanische Beanspruchung). Die äußerste Schicht fällt durch zahlreiche, derbe gewellte Kanälchen auf, die radiär nach außen laufen. Sie würden den Eindruck einer Dentinplatte erwecken, wenn nicht, mit Ausnahme der Leistenköpfe, Knochenzellen dazwischen gelagert wären. Beide Formelemente liegen, soweit beobachtet werden konnte, in getrennten Schichten nebeneinander. Die Anordnung könnte modellmäßig auch als alternierende, senkrecht zur Basis des Knochenstückes stehende Platten die jeweils Knochenzellen oder Kanäle enthalten,

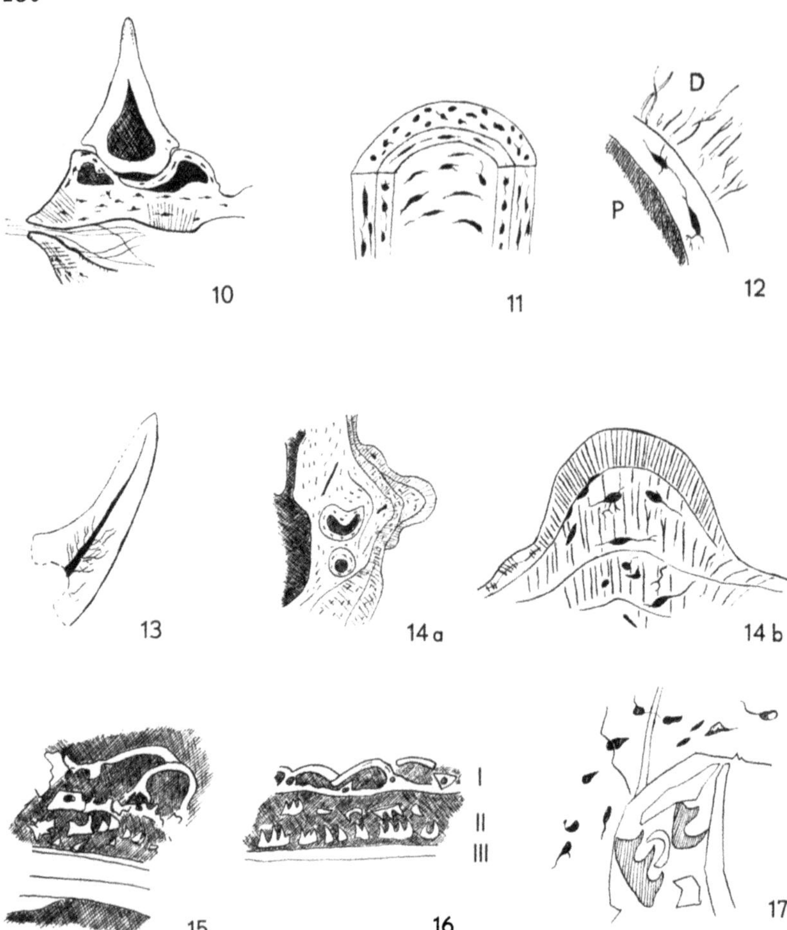

Abb. 10. *Latimeria chalumnae* Smith, Flossenstrahl der Analis quer, LM Z 7, 50:1. Zwei aufgewölbte Lamellenabschnitte bilden den Sockel für einen Chagrinzahn. Lage der quergetroffenen Knochenzellen und Faserbündel sind einskizziert (überzeichnet). Der Raum zwischen den beiden Halbsegmenten wird von Bindegewebe und Blutgefäßen erfüllt.

Abb. 11. *Latimeria chalumnae* Smith, Processus spinosus, schematisch nach mehreren Schnitten; ca. 100:1.

In der inneren Knochenschicht liegen die Knochenzellen zirkumzentral, in der äußeren nach der Längsachse orientiert.

Abb. 12. *Latimeria chalumnae* Smith, adlateraler Längsschliff durch einen Zahn der Schwanzschuppe, MSD 1, 450:1.

Zwischen Pulpa (P) und Dentin (D) eine Knochenlamelle, deren Knochenzellen nach beiden Seiten anastomosieren (mehrere Tiefeneinstellungen).

beschrieben werden. Die äußerste Dentinschicht der Leisten enthält keine Knochenzellen (Abb. 14, a, b).

Faßt man diese Schicht als dentinähnlich auf, so wäre die naheliegende Deutung die als übereinanderliegende Generationen von Dentinleisten in denen Knochenzellen im Rahmen einer Teilresorption und als Träger geänderter Stoffwechselvorgänge eingewandert wären.

Der Resorptionsmechanismus weicht allerdings von dem z. B. von Bystrow (1939) bei *Glyptolepis*, *Holoptychius*, *Eusthenopteron* beschriebenen, deutlich ab. Statt der Auflösung ganzer Zahnpartien wandern streifenweise Knochenzellen ein, die Schicht wird mit einer scharfen Resorptionslinie gekappt und darüber wird eine neue Dentinschicht gelegt. Stellenweise scheinen die Kanälchen dagegen ununterbrochen durch zwei bis drei Schichten zu reichen.

Es ergibt sich nun die Frage, ob diese Form der zwischenraumlosen Abfolge von Dentingenerationen nicht durch „technische" Gründe verursacht wird. Zahnleisten sind ja sicherlich viel schwerer zu wechseln als Einzelzähne. Auflockerung von abgekauten Dentinplatten durch Einwandern von Knochenzellen und von diesen ausgehend Neubildung einer appositionellen Dentinschicht würde dieses Problem nicht nur umgehen, sondern gleichzeitig eine Form des Dickenwachstums der Knochenplatte bei Erreichung hoher mechanischer Härte erreichen.

Fortsetzung der Legenden von nebenstehender Seite:

Abb. 13. *Undina acutidens* Reis, Kiemenzähnchen, UA 8, 450:1.
Die meisten Kiemenzähnchen von *U. acutidens* haben die abgebildete Form und Proportion, einige sind gerade (11/2 Gesichtsfelder).

Abb. 14a. *Coccoderma nudum* Reis, Pterygoid quer, CN 4, 100:1.
Auf den lamellösen Knochen folgt außen die dreischichtige „Zahnleiste" mit Knochenzellen in den beiden inneren Schichten.

Abb. 14b. *Coccoderma nudum* Reis, Pterygoid quer, CN 4, 450:1
Dreischichtige „Zahnleiste". Die beiden inneren Schichten enthalten Knochenzellen.

Abb. 15. „*Coelacanthus*" *lunzensis* Teller, Schuppe quer, CL 7, 100:1.
Oben zwei Zahngenerationen, in der Mitte stark zerstörte Spongiosaschicht, basal die oft nur als dünne Leiste erhaltene Isopedinschicht.

Abb. 16. „*Coelacanthus*" *lunzensis* Teller, Schuppe quer, CL 10, 100:1.
I Dentinschicht (Zähnchen), II Cosminschicht, III Isopedinschicht (vereinfacht).

Abb. 17. „*Coelacanthus*" *lunzensis* Teller, Knochensplitter und Schuppensplitter, CL 42, 450:1.
Zwei „conodontenartige" Schuppensplitter der „ersten Spongiosaschicht" (schraffiert). Im Knochensplitter Knochenzellen.

„*Coelacanthus*" *lunzensis* Teller (Reis 1900, S. 187ff.)

Untersucht wurden Splitter vom Gulare, vom Angulare, Knochensplitter der Pectoralis (?) und Schuppen[3].

Leider ist das makroskopisch recht gut aussehende Material für histologische Zwecke sehr schlecht erhalten. Die im Sediment — einem feinen, grauen, ziemlich bituminösen Tonschiefer — eingebetteten Stücke sind durch tektonischen Stress (oder Bergdruck) von zahlreichen Sprüngen und Rissen durchzogen, alle Hohlräume von ebenfalls sehr rissigem Kalk ausgefüllt. Viele kleine Knochenstücke liegen gebrochen im Sediment. Alle geschliffenen Schuppen sind durch Mazeration vor der Einbettung teilweise zerstört, durch Bergdruck gerissen und die Teilchen vielfach gegeneinander verschoben. Am unglücklichsten ist der Erhaltungszustand der Zähne. Sie sind derartig spröde, daß es auch unter Anwendung aller denkbaren technischen Kniffe nicht möglich war, auch nur einen verwendbaren Dünnschliff herzustellen. Doch konnte bei der Präparation eindeutig festgestellt werden, daß die Zähne den oben beschriebenen kegelförmigen Zähnen von *Latimeria* praktisch gleichen.

Die Knochensubstanz ist ebenfalls gleich der von *Latimeria*. Über Anordnung und Form der Knochenzellen gilt dasselbe. Havers'sche Systeme sind meist ein- seltener zweilamellig. Die beobachtete Spongiosa entspricht dem Typus der Reticulärspongiosa.

Die Schuppen sind rundlich — ihre Skulptur (schmale, annähernd konzentrische Leistchen) erscheint im Querschliff als flache Dentinbogen, die öfters in zwei Generationen übereinanderstehen (Abb. 15). Ansonsten stimmt der Feinbau der Schuppen mit *Latimeria* überein. Auf eine basale Isopedinschicht, die bei den meisten Schliffen nur als dünnstes Band vorhanden ist, bei einigen ganz fehlt, folgt eine Cosminschicht, die im Schliff meist aus in ein- bis fünfteilige Stücke zerbrochenen kammartigen Leisten besteht (meist eine bis zwei übereinander, darüber folgt die zum Unterschied von *Latimeria* auf einer durchgehenden deutlichen Basisplatte stehenden Bogen der Dentinschicht (Abb. 16).

Die Bruchstücke der Cosminschicht erinnern zum Teil verblüffend an die von W. Gross abgebildeten Conodonten vom Typus *Ctenognathus murchinsoni* Pander (Gross, Tafel 5, Abb. 1), obwohl sie wesentlich kleiner sind und in vorliegendem Erhaltungszustand keinerlei Struktur erkennen lassen (Abb. 17). Es soll hier

[3] Die Untersuchungsproben wurden so entnommen, daß möglichst keine taxionomisch oder morphologisch wichtige Stelle zerstört wurde.

nicht versucht werden die Conodontenfrage „backhand“ zu lösen, doch verdient die Beobachtung festgehalten zu werden, da solche Teilchen stärker zerstörter Schuppen frei im Sediment liegend im Dünnschliff gefunden wurden und hier einwandfrei festgestellt werden kann, was sie sind, bzw. nicht sind.

Die Vergleichsschliffe[4].

Psammosteus paradoxus: (Ordnung Heterostraci, Klasse Agnatha). Das eigentümliche Bild der Dermalknochen von *Psammosteus* ist in zahlreichen Arbeiten sehr trefflich abgebildet worden, z. B. GREGORY (1951, Bd. II, S. 90, Fig. 6, 8, B), sehr ähnlich sind z. B. die Abbildungen ordovicischer zahntragender Dermalknochen in JAMES (1957, Pl. I, Fig. 1—3) oder GROSS (1954, T. 5, Abb. 5) von *Psammolepis paradoxa.* Allen gemeinsam ist ein dichtes Pflaster gedrungener Zähne über einer zweischichtigen Knochenplatte, wobei die obere Schicht spongiös, die untere aber flach geschichtet ist. Bei JAMES l. c. ist die Basalschicht nicht abgebildet, doch sind die Reste an dem Fundpunkt nach ROMER (1947, S. 514) allochthon, stärkere Zerstörung durch den Transport ist daher sehr wahrscheinlich. Der untersuchte Knochensplitter aus dem Devon von Livland entspricht den geschilderten Verhältnissen. Das „Orthodentin“ enthält radial ausstrahlende proximal pinselförmig verzweigte Dentinröhrchen, die sich im Verlauf ihrer Länge des öfteren engwinkelig dichotom verzweigen. Die Knochensubstanz ist klar, homogen und enthält Gruppen verschiedenlumiger, meist aber relativ derber Faserzüge. Diese sind praktisch so angeordnet, wie man in Schalenknochen den Verlauf der Lamellenzüge erwarten würde. Die Knochensubstanz wäre daher Osteoidsubstanz im Sinne KÖLLIKER's (1859). Die Knochenstruktur kennzeichnet die Heterostraci als hochspezialisierte Gruppe (BERNHAUSER, 1954) die allein damit phylogenetisch aus jeder Stammesreihe der Gnathostomen ausscheidet.

Asterolepsis ornatus: (Ordnung Antiarchi, Klasse Placodermi). Der untersuchte Knochensplitter ist zahnlos. Er besteht aus basal kompakter und darüberliegend vorwiegend spongiöser Knochensubstanz. Knochenzellen sind groß, zahlreich und reich anastomosiert. Der Knochen hat deutlich lamellösen Bau, die Osteone sind meist einlamellig, die Spongiosa entspricht dem Typus der „Reticulärspongiosa“. Kitt- und Resorptionslinien sind scharf abgezeichnet. Der Gesamteindruck des histologischen Bildes entspricht praktisch dem bis ins Holozän typischen vieler aquatisch lebender Vertebraten.

[4] Systematik nach ROMER 1947.

Holoptychius superbus (Subordnung Rhipidisti, Ordnung Crossopterygii). Untersucht wurde ein Deckknochenstück mit Chagrinzähnen. Da Bystrow (1939, S. 303ff.) die Zahnstrukturen von *Holoptychius* ausführlich darstellte, können wir uns hier auf eine sehr kurze Beschreibung beschränken. Der Knochen enthält Zellen und Osteone, die Zähnchen sind mehr oder weniger stumpf kegelförmig, zum Teil etwas ungleichseitig. Auf dem Dentin sitzen starke Schmelzkappen, die bei den äußeren Zähnchen beiderseits etwas in die Knochenschichte eintauchen. Ältere Zahngenerationen sind etwas kleiner und liegen allseits vom Knochengewebe umhüllt. Von den jüngeren Zahngenerationen sind sie durch Knochensubstanz getrennt. Resorption der älteren Zahngenerationen erfolgt in unregelmäßigen, scharf abgegrenzten Flecken.

An Querschliffen sind Anzeichen schwacher Labyrinthodontie meist als zahnradartig nach außen tretende Schmelzleisten entspr. Bystrow (l. c. S. 306, Abb. 11 C) zu beobachten.

Neoceratodus forsteri: Die Schuppen der recenten Dipnoi wurden kürzlich von Kerr (1955) untersucht. Wir beschränken uns hier auf die Feststellung, daß die Schuppe von *Neoceratodus* groß und sehr dünn ist. Sie ist essentiell zweischichtig. Auf einer basalen Isopedinschicht sitzen freie Leisten (im Querschnitt zähnchenartig) und dazwischen einzelne stärkere, meist leicht gebogene hohle Zähnchen. Zähnchen und Leisten sind aus nahezu amorphem Knochenmaterial aufgebaut, das aus sehr feinen Lagen besteht und zumindest stellenweise feinste Fibrillen enthält. Ein pulpaartiger zentraler Hohlraum ist vorhanden, scheint aber leer, bzw. nur von mucöser Substanz erfüllt zu sein. Als Dentin im Sinne von James[5] (1957, S. 10) können diese Zähnchen nicht mehr aufgefaßt werden.

In anderen Schliffen findet sich eine flache Spongiosaschicht aus dem gleichen amorphen Material, auf der stellenweise wieder Zähnchen stehen.

Polypterus sp.: Die des öfteren, z. B. von van Kampen (1927, S. 50/51, Abb. 57) beschriebenen Schuppen von *Polypterus* sind Ganoinschuppen. Sie bestehen aus einer Isopedin-, einer Kosmin- und einer Ganoinschicht (Terminologie van Kampen 1927). Die Unterschiede im Bau gegen die bisher besprochenen Stücke sind derartig deutlich, daß eine Verwechslungsmöglichkeit nicht besteht.

[5] Die Definition von James (1957) lautet: „Dentine is a highly elastic calcified connectiv tissue devoid of cells and blood vessels with a laminated matrix, composed largely of collagen fibres and mucopolysaccharides, permeated by tissue fluid in spaces or tubulis radiating from the surface of its development." Der Definition entspricht das Orthodentin Bertin's (1958).

III. Ergebnisse

1. Knochenstruktur: Alle untersuchten Coelacanthiden zeigen die gleiche Knochenstruktur mit reichlicher Vascularisation, meist ein-, selten zwei- oder mehrlamelligen Osteonen, Volkmann'schen Kanälen meist in Zusammenhang mit Zähnchen, reichlich Knochenzellen und Spongiosa vom Typus „Reticulärspongiosa". Es ist also ein typischer zellhaltiger Knochen, wie er bei vielen Fischen und den Tetrapoden die Regel ist.

2. Zähne: Mit Ausnahme der Pterygoidbezahnung von *Coccoderma nudum* Reis sind alle Zähne nach dem gleichen Schema gebaut: einfache, halbkugelige bis kegelförmige Pulpa, mäßig mächtige Dentinschicht und sehr dünne Schmelz- (Vitrodentin)-schicht, die häufig an der Untergrenze der Beobachtbarkeit bleibt. Die Form der Zähne schwankt, je nach der Körperstelle von welcher sie stammen, von spitz kegelförmig, gerade (Abb. 10), gebogen (Abb. 13), stumpf kegelförmig (Abb. 7, 15, 16) bis flach, gedrungen (Abb. 5). Sie sitzen acrodont auf den Trägerknochen auf und werden durch Abwerfen gewechselt. An der Abwurfstelle bleibt eine ringwallartige Narbe zurück. Auf den untersuchten Schuppen (bei *Latimeria* nur auf den Rumpfschuppen) werden aber die Zähnchen nicht abgeworfen, sondern durch jüngere Zahngenerationen überdeckt. Zum Unterschied von den Rhipidisten folgen die Zahngenerationen unmittelbar übereinander und sind nicht durch Knochensubstanz voneinander getrennt. Irgendwelche Andeutungen einer Tendenz zur Labyrinthodontie sind nicht zu beobachten.

3. Vergleichsschliffe: Die zum Vergleich untersuchten Vertreter anderer Fischgruppen zeigen Eigentümlichkeiten, die sie genügend charakterisieren um eine Verwechslungsmöglichkeit mit den Coelacanthiden (und untereinander) auszuschließen. Die Coelacanthiden sind also als solche histologisch wohl erkennbar, aber untereinander nicht trennbar.

Die histologischen und anatomischen Änderungen der Coelacanthiden waren über die ganze Zeit ihrer Existenz (sicher seit der Trias) nur geringfügig. Sie sind und waren eingepaßt in einen scharf definierten Lebensraum, als Bewohner felsigen Grundes und wahrscheinlich „Hinterhaltsräuber" wie es Smith (1957, S. 72) äußerst lebendig schildert. Auch Millot (1954) führt denselben Lebensraum an: „. . . Coelacanths inhabit, around Comoro Islands basalt rocky bottoms which slope very steeply (25^0—45^0). They seem to live normally on the actual bottom or very close to it, between 200 and 400 metres depth at least . . ." (S. 426/27). Zu den wenigen anatomischen Änderungen die bei den Coelacanthiden seit der Kreidezeit nachweisbar sind, gehört der Verlust der Schwimmblase. Die Verknöcherung der Schwimmblase bei den mesozoischen Formen (cf. Romer 1947) deutet ja an, daß diese damals schon außer Funktion gewesen sein dürfte. Was auf eine Lebensweise, sehr ähnlich jener von *Latimeria* schließen läßt.

Zusammenfassung

Knochenstücke von *Latimeria chalumnae* wurden histologisch untersucht und sowohl mit mesozoischen Coelacanthiden als auch mit Vertretern anderer „primitiver“ Fischgruppen verglichen. Es kann festgehalten werden, daß die Coelacanthiden eine histologisch charakteristische, eng geschlossene Gruppe darstellen, deren Angehörige als solche zweifelsfrei am Dünnschliff nach der Konfiguration Knochen — Zähne (im weitesten Sinne) erkannt werden können. Doch ist eine Trennung der einzelnen Familien oder Gattungen nach histologischen Merkmalen der Dermalknochen zum Unterschied von den Rhipidisten nicht möglich.

Zitierte Literatur

Bernhauser, A., 1954: Über die adaptive Bedeutung der Knochenstruktur der Teleostei. — Österr. Zool. Zeitschr. *6*/2.

Bertin, L., 1958: Denticules Cutanes et Dents; Ecailles et Sclerificationes Dermiques; Tissus admatins; in P. P. Grassé: Traité de Zoologie *13*, Paris.

Bystrow, A. P., 1939: Zahnstruktur der Crossopterygier. — Acta Zool. *20*.

Gregory, W. K., 1951: Evolution Emerging. — New York.

Gross, W., 1954: Zur Conodontenfrage. — Senck. leth. *35*.

James, W. W., 1955: The Blood Capillary System of the Odontoblast Layer of the Dental Pulp. — Jour. of Anat. *89*, Part 4.

— 1957: A further Study of Dentine. — Trans. Zool. Soc. London *29*.

van Kampen, P. N., 1927: in Versluys u. a.: Vergleichende Anatomie der Wirbeltiere. Berlin.

Kerr, T., 1955: The scales of modern Lungfish. — Proc. Zool. Soc. London *125*.

Kölliker, A., 1859: Über die feinere Struktur des Skelettes von Knochenfischen. — Verh. Würzburger phys. med. Ges. *9*.

Millot, J., 1954: New Facts about Coelacanths. — Nature *174*.

Millot, J. und Anthony, J., 1958: Crossoptérygiens actuels; in P. P. Grassé: Traité de Zoologie *13*, Paris.

Nedbal, M. E., 1932: Strukturverschiedenheiten in den Diaphysen der karpalen und tarsalen Knochen zweier Flugtiere. — Zeitschr. f. Anat. u. Entwicklungsgesch. *97*.

ORVIG, T., 1957: Remarks on the vertebrate fauna of the Lower Upper Devonian of Esuminac Bay, P. Q. Canada, with special reference to the Porolepiform Crossopterygians. — Arkiv for Zoologi, Ser. 2, *10*, Nr. 6.

REIS, O. M., 1888/89: Die Coelacanthiden mit besonderer Berücksichtigung der im weißen Jura Bayerns vorkommenden Arten. — Palaeontographica *35*.

— 1900: Coelacanthus Lunzensis Teller. — Jahrb. d. Geol. Reichsanstalt *50*. Wien.

ROMER, A. S., 1947: Vertebrate Palaeontology. — Chicago.

— 1949: The Vertebrate Body. — Philadelphia & London.

SCHINDLER, O., 1955: Neues von lebenden Urweltfischen. Kosmos *51*.

SMITH, J. B. L., 1939a: A living fish of mesozoic type. — Nature *143*.

— 1939b: The living Coelacanthid Fish from South Africa. — Nature *143*.

— 1953: The second Coelacanth. — Nature *171*.

— 1957: Vergangenheit steigt aus dem Meer. — Stuttgart.

VERSLUYS, J. u. a., 1927: Vergleichende Anatomie der Wirbeltiere. — Berlin.

WEIDENREICH, F., 1925: Über Bau und Entwicklung des Zahnbeines in der Reihe der Wirbeltiere (Knochenstudien IV. Teil). — Z. Anat. u. Entwicklungsgesch. *76*.

WIENS, H., 1955: Polarisationsoptische Beiträge zur Kenntnis des Faserverlaufes in den Skelettelementen der Teleostei. — Zeitschr. f. Zellforschung *42*.

Tollmann A.: Die Gattungen Lingulina und Lingulinopsis (Foraminifera) im Torton des Wiener Beckens und Südmährens (mit 2 Tafeln). S 9.90

Zapfe H.: Die Fauna der miozänen Spaltenfüllung von Neudorf a. d. March (ČSR.). Proboscidea (mit 2 Textabbildungen und 2 Tafeln). S 12.30

1955 (S I Bd. 164):

Bachmayer F.: Die fossilen Asseln aus den Oberjuraschichten von Ernstbrunn in Niederösterreich und von Stramberg in Mähren (mit 9 Textabbildungen und 6 Tafeln). S 26.60

Beier M.: Insektenreste aus der Hallstattzeit (mit 4 Abbildungen und 2 Tafeln). S 6.40

Herre W.: Die Fauna der miozänen Spaltenfüllung von Neudorf a. d. March (ČSR.), Amphibia (Urodela) (mit 6 Textabbildungen). S 14.80

Kühn O.: Die Bryozoen der Retzer Sande (mit 2 Tafeln). S 14.10

Papp A.: Orbitoiden aus der Oberkreide der Ostalpen (Gosauschichten) (mit 3 Tafeln). S 12.20

Papp A.: Die Foraminiferenfauna von Guttaring und Klein St. Paul (Kärnten): IV. Biostratigraphische Ergebnisse in der Oberkreide und Bemerkungen über die Lagerung des Eozäns (mit 4 Textabbildungen). S 12.20

Plöchinger B.: Eine neue Subspezies des Barroisiceras haberfellneri v. Hauer aus dem Oberconiader Gosau Salzburgs (mit 2 Textabbildungen und 1 Tafel). S 4.40

Tollmann A.: Die Foraminiferenentwicklung im Torton und Untersarmat in den Randfazies der Eisenstädter Bucht (mit 1 Textabbildung). S 6.70

1956 (S I Bd. 165):

Bernhauser A.: Kann intravitaler Befall durch Bohrorganismen an fossilen Fischzähnen nachgewiesen werden? (mit 10 Textabbildungen). S 7.60

Thenius E.: Zur Kenntnis der fossilen Braunbären (Ursidae, Mammal.) (mit 5 Textabbildungen und 1 Tafel). S 17.20

Thenius E.: Die Suiden und Thayassuiden des steirischen Tertiärs. Beiträge zur Kenntnis der Säugetierreste des steirischen Tertiärs. VIII. (mit 31 Textabbildungen). S 25.—

1957 (S I Bd. 166):

Ehrenberg K.: Berichte über Ausgrabungen in der Salzofenhöhle im Toten Gebirge. VIII. Bemerkungen zu den Ergebnissen der Sedimentuntersuchungen von Elisabeth Schmid. S 5.80

Schmid Elisabeth: Von den Sedimenten der Salzofenhöhle (mit 1 Textabbildung und 1 Beilage). S 14.—

Zapfe H. und Hürzeler J.; Die Fauna der miozänen Spaltenfüllung von Neudorf a. d. M. (ČSR). Primates (mit 1 Tafel). S 10.20

1958 (S I Bd. 167):

Bakalow P., Kühn N. und Sachariewa K.: Die Trias von Kotel (Ost-Balkan). I. Die unterkarnische Ammonitenfauna von Kotel (mit 4 Textabbildungen und 2 Tafeln). S 20.80

Bobies A. Carl: Bryozoenstudien III/2. Die Horneridae (Bryozoa) des Tortons im Wiener und Eisenstädter Becken (mit 3 Tafeln). S 20.70

Tiedt Liselotte: Die Nerineen der österreichischen Gosauschichten (mit 13 Textabbildungen und 3 Tafeln). S 29.60

1959 (S I Bd. 168):

Bachmayer F.: Neue Crustaceen aus dem Jura von Stremberg (ČSR) (mit 2 Tafeln). S 13.50

Kühn O. und Pejović D.: Zwei neue Rudisten aus Westserbien (mit 4 Textabbildungen und 4 Tafeln). S 17.80.

Pokorny Gerhard: Die Actaeonellen der Gosauformation (mit 1 Textabbildung und 2 Tafeln). S 31.20

1960 (S I Bd. 169):

Bachmayer F.: Insektenreste aus den Congerienschichten (Pannon) von Brunn-Vösendorf (südl. von Wien) Niederösterreich (mit 2 Tafeln und 8 Abbildungen). S 8.30

Schaffer H.: Interessante obereozäne Echinidenarten, aus Bruderndorf (N.-Ö) und Oberitalien (mit 7 Textabbildungen). S 11.–

www.ingramcontent.com/pod-product-compliance
Ingram Content Group UK Ltd.
Pitfield, Milton Keynes, MK11 3LW, UK
UKHW021929190726
13853UKWH00002B/929

* 9 7 8 3 6 6 2 2 2 7 0 9 1 *